科學 科技 工程 藝術 數學
Science Technology Engineering Art Maths

STEAM 學習入門

U0111413

工程
ENGINEERING

珍妮・積及比 / 著

維姬・巴克 / 繪

新雅文化事業有限公司
www.sunya.com.hk

STEAM 學習入門
工程 ENGINEERING

作者：珍妮·積及比（Jenny Jacoby）
設計繪圖：維姬·巴克（Vicky Barker）
譯者：羅睿琪
責任編輯：胡頌茵
出版：新雅文化事業有限公司
香港英皇道499號北角工業大廈18樓
電話：（852）2138 7998　　傳真：（852）2597 4003
網址：http://www.sunya.com.hk
電郵：marketing@sunya.com.hk
發行：香港聯合書刊物流有限公司
香港新界大埔汀麗路36號中華商務印刷大廈3字樓
電話：（852）2150 2100　　傳真：（852）2407 3062
電郵：info@suplogistics.com.hk
印刷：中華商務彩色印刷有限公司
香港新界大埔汀麗路36號
版次：二〇一六年八月初版
二〇二四年四月第四次印刷
版權所有 • 不准翻印

ISBN: 978-962-08-6628-9
Original title: *Engineering Activity Book*
Copyright © b small publishing ltd. 2016
Traditional Chinese Edition ©2016 Sun Ya Publications (HK) Ltd.
18/F, North Point Industrial Building, 499 King's Road, Hong Kong
Published in Hong Kong SAR, China
Printed in China

什麼是工程？

工程是一門關於發掘有待解決的問題，並找出解決方法的學科。工程師要留意世界上發生的各種事情，主動探索學習，並找出他們能夠幫忙的地方。而且，他們需要發揮創意，思考和找出解決問題的方法。工程師透過設計、建造及運用機械，製作出不同的東西，例如從簡單的牙刷（用來解決清潔牙齒的需要），到風力發電機等大型結構的機械（用來解決尋找潔淨能源的問題），這些用品或機械發明都是工程的探究成果。

STEAM是什麼？

STEM是代表科學（**S**cience）、科技（**T**echnology）、工程（**E**ngineering）和數學（**M**athmatics）這四門學科的英文首字母的縮寫。這四門學科的學習範疇緊密相連，互相影響發展。而在STEM加上藝術（**A**rt）的A，就組成了**STEAM**。藝術的技巧和思考方法可以應用在科技上，同樣，科技、科學和數學也能啟發藝術應用。**STEAM**的五個範疇可以解決問題，改善我們的生活，應用的廣泛性超乎我們想像。

科學
（Science）

科技
（Technology）

工程
（Engineering）

藝術
（Art）

數學
（Maths）

印刷機

在中世紀，書本都是手寫而成的，然後用人手抄寫出版（大多數由僧侶負責）。這意味着書本的數量非常稀少，而每一本書都極為昂貴。

後來有一位德國工程師——**古騰堡（Johannes Gutenberg）**發明了一種印刷方式來解決出版書籍的問題。他的解決方案就是採用「活字」印刷。他利用金屬來鑄造出各個字母的金屬塊（每個字母均大量複製），讓印刷工人以不同方式排列在印刷機中，這樣就可以進行大量印刷了。

古騰堡（Johannes Gutenberg）

小知識

活字印刷術最初於中國出現，比古騰堡所發明的技術足足早了數百年。但由於歐洲文字的字母較亞洲文字細小且容易拼湊，加上古騰堡進一步發明了印刷機，因此他的發明讓活字印刷術非常迅速地傳遍歐洲。

在操作上，工匠會把活字鑄造成**左右反轉**的樣式，並且在排列活字的過程中，次序也是反轉的，這樣當文字印在紙上時才會展示出正確的次序。

請看看下面這些已經準備好印刷的字版，你能讀懂上面寫了什麼嗎？請你試試利用鏡子找出字版會印刷出什麼文字吧。

A.

GOLDILOCKS
AND THE
THREE
BEARS

B.

LITTLE
RED
RIDING
HOOD

C.

THE
BUILDINGS
OF
ANCIENT
EGYPT

D.

HOW TO BE AN
ENGINEER

E.

SPELLS,
CHARMS
AND
POTIONS

單車發電

當你在晚間踏單車時，在一片漆黑的環境下，還有什麼比你的單車上裝有照明燈更好？單車照明燈並不一定要用電池來點亮！有些單車裝有發電燈，它利用了機械原理將動力轉化為電力。發電機安裝在單車上會轉動的部分（例如車輪或輪圈），當車輪轉動時，它亦會轉動發電機，令它產生電流，電流便會為單車照明燈提供能源。

發電燈有一個缺點，就是當你不踩腳踏轉動齒輪裝置時，它就不會亮着！

終點 ★

天黑了，這位單車手使用了發電燈，只要讓單車持續運轉，發電燈就會亮起給她照明前路。請你幫她沿着單車徑找出一條回家的路線吧，記得要避開任何會令單車停下來的事物呀。

起點

7

蹺蹺板槓桿

槓桿是世界上其中一種最古老的機械，它可以幫助你提起一些非常沉重，而單靠你自己無法提起的東西。槓桿要靠「支點」來平衡。透過改變槓桿上「重點」和「力點」的位置，重的物件會變得更容易被提起。

如果重的東西越接近支點，同時輕的東西越遠離支點，那麼輕的一方便能提起重的一方了。

槓桿

支點

蹺蹺板是其中一種有趣的槓桿遊戲設施。即使大家的體重不一樣，只要重的和輕的朋友坐在蹺蹺板上的適當位置，便可以一起玩耍。

請在圖中的每一個蹺蹺板上畫上一個三角形來代表支點，讓蹺蹺板保持平衡。

記住：要保持平衡，重的東西需要靠近支點。

1.

2.

3.

4.

5.

衝上雲霄的飛機

　　從前，人們在想如何將一架載滿了人和行李的巨大金屬飛機送上天空飛行，似乎是不可能解答的難題。後來，工程師想到其中一個解決問題的關鍵，就是機翼的形狀設計。

　　飛機的機翼形狀就像翅膀一般。當飛機快速向前移動時（例如當它沿跑道加速時），空氣在機翼下方比在機翼上方所移動的距離較短，使它能更無阻礙地快速掠過。由於機翼下方有較多空氣，因此機翼便會帶着飛機向上升了。

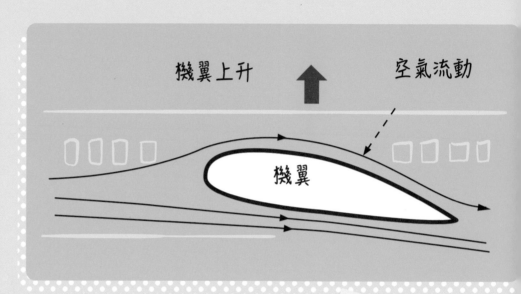

專門設計飛機的工程師，稱為「航空工程師」。

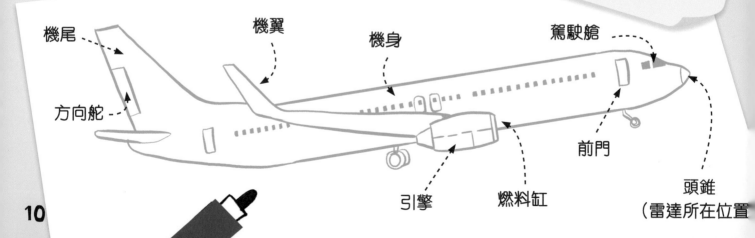

機尾

機翼

機身

駕駛艙

方向舵

引擎

燃料缸

前門

頭錐
（雷達所在位置

10

請在下面的字謎中找出以下有關航空工程學的英文詞彙，並把它們圈出來吧。
（答案可以在直行、橫行或斜行。）

```
c j o r v i l d j x e s u o h v e
x o u a e r o f o i l q g x o r i
m o c y i l x v u e l p y z w t h
b e s k o k l g c t e k b x i e i
u a t o p u b r a d a r d s n u o
l n o i t i u b k c e h l i g b t
k f z y j l t t j l v e t l u b a
h y w i l n u r c d u p l m v u i
e c v x t g j e n g i n e a r d l
a r s u i o p o k l o v u k m o p
d e t u m c u i o p l r u d d e r
c y o p u k a n k y k d r x y t m
s t j v o b c p z t i j n o k l o
d s y i b y f d t l h p o m j l v
e y y v r s k u j a m p o c e y m
f u s e l a g e v n i o c r i y j
m t j v h d o u e u p n v t x u l
```

aerofoil 翼剖面   **engine** 引擎   **tail** 機尾

bulkhead 頭錐   **fuselage** 機身   **wing** 機翼

captain 機師   **radar** 雷達

cockpit 駕駛艙   **rudder** 方向舵

降落傘

降落傘的出現解決了如何讓一個人從高空掉下時減慢墜下的速度，使他能安全着陸這個難題。降落傘的設計就是透過增加人的空氣阻力來達成讓人安全着陸的目的。

當一個人在高空中從飛機跳下來時，地球上的地心吸力會將他拉向地面，而空氣會產生阻力減慢他往下掉的速度。沒有降落傘的人只有很小的空氣阻力，所以會非常快速地掉落地面。降落傘設計成一個巨大的頂蓬，讓空氣聚集，因而增加了空氣阻力，這樣就可以減慢人往下掉的速度，讓人能安全地着陸。

地心吸力

空氣阻力

請給這些降落傘填上美麗的顏色吧！你知道以下哪一個降落傘最能夠減慢跳傘者下墜的速度嗎？

13

過山車

在遊樂場裏，過山車以令人吃驚的速度飛馳，沿着斜坡將乘客拋上拋下，十分刺激。到底過山車是怎樣驅動的呢？原來，工程師已研究出如何讓過山車自己行駛，毋需以引擎來驅動。在過山車行駛的過程中，引擎只需啟動一次，推動過山車駛上第一道斜坡。之後，藉着大自然的力量會給過山車提供動能，例如：當過山車經過第一道斜坡的頂端後，地心吸力便會將過山車往下拉。

當過山車開始衝下第一段下坡道時，它會快速前進，並累積到足夠能量將它推上
另一段斜坡——如此類推，過山車便會在整段路程中風馳電掣。到了旅程末段，
過山車會利用剎車掣來減低速度，剎停過山車。

過山車下山的速度比上山速度
快很多。請將圖中正在快速行
駛的過山車填上綠色，而走得
較慢的則填上紅色。

螢光棒

螢光棒可以為派對帶來許多樂趣,但它們只能發光數小時。螢光棒裏面有三種物質,當它們混和在一起時便會發光。那麼工程師如何解決螢光棒在人們使用它們前便發光的問題?他們想到把其中一種物質用一根細小的玻璃管來盛載,與其他物質分隔開。當你想讓螢光棒發光時,只要先輕輕把玻璃管折斷,然後搖晃一下,這樣就可以把三種物質混合起來了。

1.

啪!

2.

3.

當化學物質混合而發光時,這種現象稱為「化學發光」(Chemiluminescence)。

專門利用化學知識來解決難題的工程師,被稱為「化學工程師」(Chemical engineer)。

請在圖中找出以下物件並把它們圈起來：

- 6 根粉紅色螢光棒
- 9 根黃色螢光棒
- 7 根綠色螢光棒
- 5 根藍色螢光棒

17

對抗地震

由於地球上部分地區經常發生地震，工程師便努力研究各種方法來防止建築物在地震時因劇烈搖晃而倒下。在地震災害中，最可怕的就是樓宇或房屋塌下的情況。人們能夠在震動的地面上存活，可是當建築物倒塌下來就會把人們壓住或活埋，造成人命傷亡。其中一種讓建築物「抗地震」的方法，就是讓建築物跟隨地震一起晃動。建築物越是能夠大幅度地晃動，它就越不容易倒塌，能減低造成人命傷亡的情況。

果凍

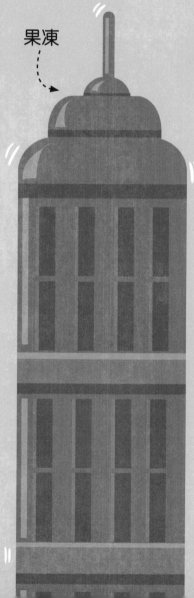

木棒

這三幢建築物是以不同物料興建的，你知道哪一幢最能夠抵禦地震，不易倒塌嗎？

磚塊

這個城市發生地震了，請在以下兩幅圖中找出 10 個不同之處並在圖 B 中把它們圈起來。

A.

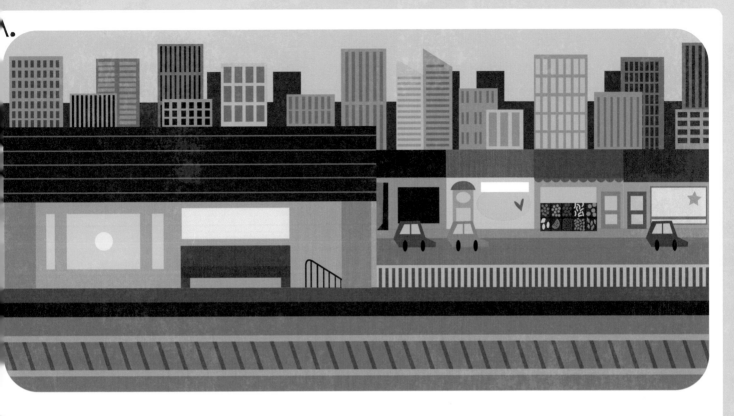

B.

環保包裝

目前人類正面臨一個嚴峻的環境污染問題，就是當我們不再需要物件的包裝時要如何處理它。工程師想出了一些聰明的方法，可以減少我們丟棄的包裝數量，同時減少地球上堆積如山的垃圾。其中一種減廢的方法，就是以循環再造的物料來製作包裝。現在，人們發明了最理想的包裝物料，當你丟棄它後它會自行分解——這就是「生物降解物料」。有些包裝物料裏甚至有種子藏在裏面，當包裝被埋掉後，種子便會在地上生長。

請你為這些物件設計包裝，在空白的位置上畫出你設計的包裝吧。記得要確保包裝不要造成不必要的浪費，而且要選擇可循環再造的物料。

6顆雞蛋

盆栽

一雙球鞋

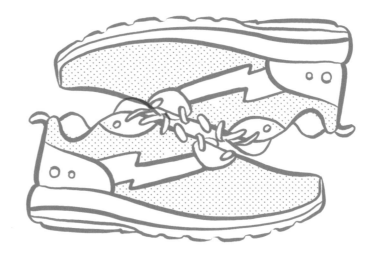

一個燈泡

一個足球

一尾魚

狂奔的刀鋒

　　工程師已幫助沒有下肢的人解決如何走路與奔跑的問題。刀鋒式義肢的外觀雖然與健全人的腿部、足踝和腳掌不同，但它們能夠讓傷殘人士跑得就像健全跑手一般快——甚至跑得比健全跑手更快。刀鋒式義肢是用一種非常堅固但輕盈的物料製成的，這種物料稱為「碳纖維」。義肢經過特別設計塑造，讓它們像彈弓一般易於彎曲。這種彈性有助跑手向前衝刺，就像自然的腳一樣。

你能在以下這些物品中，找出哪些物料可以被工程師用來製作刀鋒式義肢嗎？請依下面的指示圈圈看。（可重複選答案）

請用**黑色筆**將所有堅固的東西圈起來。
請用**紅色筆**將所有具彈性的東西圈起來。
請用**藍色筆**將所有輕盈的東西圈起來。

23

無人駕駛飛機出動

　　無人飛機系統（無人機）是一種沒有人駕駛的機械飛行裝置，它能在不載有人類的情況下完成任務。無人機可以於陸地、海洋和天空中運作，其中以空中無人機的用途最為廣泛，因而日趨普及。人們會利用航拍機進行拍攝和空中偵測。航拍機是一種裝上了攝影機鏡頭的飛行儀器，它能夠飛到人類無法到達的地方加以觀察。另外，它在執行任務時，比人們駕駛直升機去偵察更安靜！

裝有用來尋找位置的GPS晶片，測量飛行高度用的測高儀，以及確認離地面有多遠的超聲波掃瞄器。

由無線電波或無線網絡（Wi-Fi）控制

裝有四組螺旋槳，以保持飛行穩定，並增加載重量。

攝影機

你知道無人機可以協助人們執行哪些任務嗎？請把正確的答案填上顏色。

烹調做菜

為農夫找出哪些農作物生長得不好

替你做功課

協助阻止人類偷獵瀕危動物

協助興建摩天大廈

撲滅山火

購買衣物

替你刷牙

運送薄餅

協助搜索救援

踢足球

為電影取景，拍攝高空鏡頭

洗衣服

自拍

電腦工程

電腦工程師設計並組裝電腦，電腦的出現讓我們在生活上的各方面都變得更輕鬆。電腦已成為我們日常生活的一部分——它不僅僅是你用來找資料和玩遊戲的電腦，現今許多家電用品，例如洗衣機和數碼收音機，它們的內部也有電腦智能裝置。

電腦無法自己思考，它們只能做到人類叫它們做的事情。那就是說，電腦工程師必須先行詳細思考和進行試驗，確保給電腦設定了正確的指示，並以正確次序排列。如果任何一個步驟出錯，事情可以變得非常糟糕。

這部電腦被設定了早上為主人穿衣服的指示——不過這些指示排列次序出錯了！請你根據以下電腦指示的相反次序，在右頁的人身上畫上各種衣物。看看他今天要做什麼打扮吧。

1. 穿上鞋子。
2. 穿上針織冷衫。
3. 穿上牛仔褲。
4. 穿上T恤。
5. 穿上內褲。
6. 穿上背心汗衫。
7. 穿上襪子。

電腦編碼

編碼是指向電腦給予指示的方式，那就像使用電腦的語言來跟電腦説話溝通。製作編碼有兩個主要步驟：首先，你要想一想，你希望電腦做什麼，例如早上穿什麼衣服，或是在出發去某個地方前，先找出一條最快到達的路徑等事情。接着，你需要將那件事情分拆成一系列指示。而最重要的是，這些指示必須按正確次序排列。

請用以下六種材料來製作一份番茄芝士三文治，材料包括：

- 兩片麵包
- 少許蛋黃醬
- 一片生菜
- 一片番茄
- 一片芝士

請按照你喜歡的次序，告訴電腦製作三文治的步驟，把它們逐一畫在右面的框裏。

你能在右面的框內找出以下這組三文治的材料嗎？請把它圈出來。

29

答案

P. 4-5

A. GOLDILOCKS AND THE THREE BEARS
B. LITTLE RED RIDING HOOD
C. THE BUILDINGS OF ANCIENT EGYPT
D. HOW TO BE AN ENGINEER
E. SPELLS, CHARMS AND POTIONS

P. 7

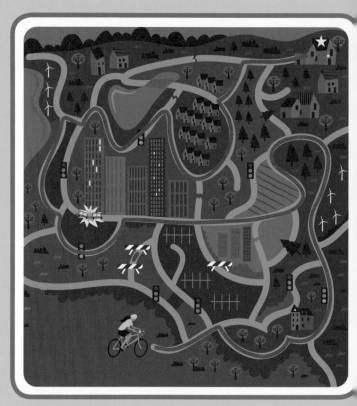

P. 9

P. 11

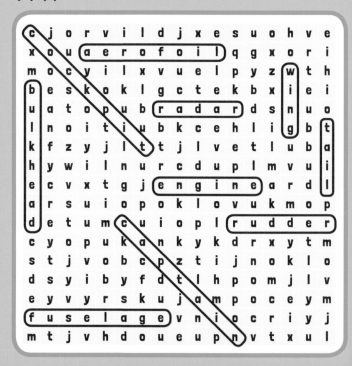

30

P. 13

P. 14-15

P. 17

- 6 根粉紅色螢光棒
- 9 根黃色螢光棒
- 7 根綠色螢光棒
- 5 根藍色螢光棒

P. 18

果凍大廈最能夠抵禦地震晃動。

P. 19

A.

B.

P. 20-21 略

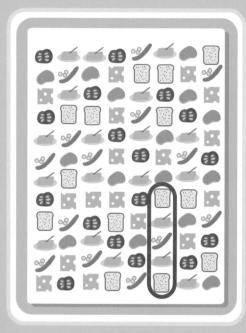

P. 25

答案與解說：

● 為農夫找出哪些農作物生長得不好

農夫可以利用無人機在大範圍的農地上空飛行，既迅速又輕易地清楚觀察農作物的生長情況。

● 為電影取景，拍攝高空鏡頭

沒有無人機，拍攝高空鏡頭便需要許多器材與時間。

● 協助興建摩天大廈

人們可利用無人機將纜繩運到高樓上，甚至將纜繩編織起來，作為建築物的結構。

● 撲滅山火

無人機能飛行偵察山火，並利用特製攝影機近距離拍攝火場的情況，讓消防員掌握火場面積等資料，和協助搜救。

● 協助阻止人類偷獵瀕危動物

無人機可以近距離地追蹤瀕危動物族羣，但同時能夠保持一定的距離，不會打擾動物。

● 協助搜索救援

無人機能夠最先飛去車輛或直升機難以到達的救難現場，協助搜索或把救命用的醫療儀器運送。

● 運送薄餅

在未來，無人機可能被應用於速遞外賣。相比在路上駕駛電單車送遞，無人機空運可避開交通擠塞、更快捷，趁薄餅還是熱乎乎的時候將它運送到目的地。

● 自拍

帶着相機的無人機可以移動到合適位置，拍攝完美的自拍照！

P. 27略